みちのく猫ものがたり

ねこ鍋

写真と文
奥森すがり

二見書房

はじめに

おらほの家《え》は、みちのく岩手のとある農家。そこに、ふとした縁とめぐりあわせで飼うことになった6匹の猫ら……。

その成長記録として撮りつづけていた、我が家の猫たちの写真。飼っていればこそに、愛しいばかりの猫たちは、雑種でふつうの猫たちばかり。

そんな「おらほの猫ら」が、思いがけずに写真集という形で、たくさんの方に見て頂けることとなりました。

きっかけは「ねこ鍋」。でも、たんに、ねこが土鍋に入って寝ているだけのものです。どう見ても、ふつうの猫であることに変わりはありません。

撮りつづけてきた写真は、日常のひとコマばかり。それらの中に、ねこまみれの私の日常と暮らしぶりが、ありのままに出ているかもしれません。もし、あの日、4匹の子っこ猫らとめぐりあわなかったら、こんなこともなかったですね。

私が猫たちから毎日プレゼントされている幸せが、見てくださる皆様にもお裾分けできればと思います。

かしこまった文章は書けませんので、方言まじりで綴《つづ》りました。まんず、おらほの猫らは岩手弁で育てたものですから。

まずは１匹ずつ、各自が土鍋に入って「並盛り」の出来上りです

ねこは土鍋で丸くなる

土鍋のベッドで、すやすやと寝息をたてている猫らは、まったく安心しきっている様子。土鍋がまるで鎧《よろい》や要塞の役割を果たしているようにも見えるし、お母さんの優しさに包まれているようにも見えます。

土鍋に入ろうとしているとき、猫は何を考えているのでしょう。
土鍋で丸くなろうとするとき、猫は何を考えているのでしょう。
土鍋でまさに眠りにつくとき、猫は何を考えているのでしょう。

猫も夢を見ると聞きます。一日の出来事が、夢につづくこともあるのでしょうかね。それならば、より楽しい一日になることを願うばかりです。もっとも、寝て、食べて、遊ぶ、猫らの生活は、私たちからみれば羨ましい限りですけども。

ほかの鍋が気になるのか、猫肌が恋しくなるのか、
人の寝床に潜り込んで、「大盛り」の出来上りです

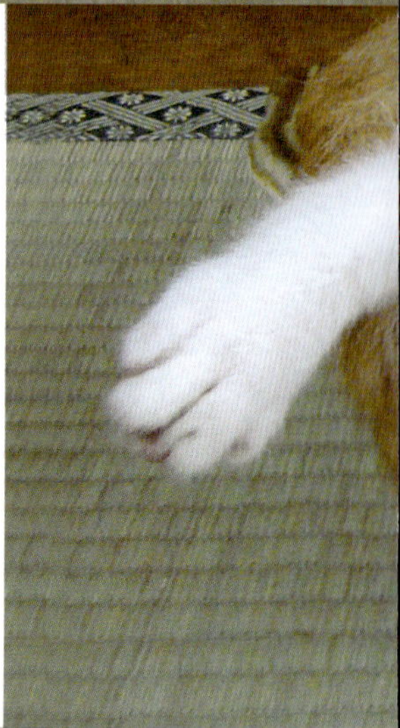

ねこ鍋の作り方心得

一、土鍋を床に置いて、ねこが入るのを待ちます。
二、ねこを無理やり入れてはいけません。
三、夜なべするつもりで気長に待ちましょう。
四、鍋ができたら、蓋は添えるだけにしましょう。
五、誰にでも作れるので、自然体でいきましょう。

さらにもう１匹、なんとか2匹の上によじのぼって「特盛り」の出来上りです

小さな土鍋には3匹が限界。それでものっかろうとするので、大きめの土鍋を用意すると……仲良く銭湯のように入って「もり盛り」の出来上りです。4匹で寝ていると、だんだんと土鍋があったかくなっていきます

北上川

おらほの猫ら

いつも１号の後ろについて散歩するモンペ

木の上で毛づくろいの1号

まんず、古株猫が2匹いて

動物好きばかりが暮らすおらほの家には、2匹の猫が、さも当然のように一緒に生活しております。

名前は「1号」と「モンペ」。どちらも女の子で、とても穏やかな性格の子たちです。子猫のころは、今とは想像もつかないほどのお転婆《てんば》でしたが……。日向《ひなた》ぼっこが好きなのは、今も変わらずだとも。

1号は近所の猫の子で、乳離れしたときに、我が家へとやって参りました。親戚が子猫を保護し、里親が見つからずに困っているというので、「んだば、おらほ家にきてもらうか」と。この子が1歳になるまでにカーテン、障子、襖《ふすま》、柱などが大ダメージを受け、「そろそろまとめて直してしまうべね」なんて話していたときモンペがきたのでした。1号は遊び相手のモンペがきて嬉しそうでしたが、プチリフォームはお預け。

まるで本当の姉妹のように、1号とモンペはすくすく育ち、ようやく落ち着いてきたので、「さて、今度こそリフォームするべね」なんて話していた矢先のこと……。

ねこが、川っこくだってきた

おらほの猫らに家族が増えたのは、2007年6月のこと。

友人とドライブ中、ひと休みにと立ち寄った川原での出会い。

それは川岸に流れ着いていた、小さなダンボール箱との巡りあいでした。よく見かけるゴミみたいなダンボール箱。それだけなら気にも留めなかったでしょう。ですが、そのなかからカサカサ、ゴソゴソいう音と、それにまぎれて、かすかな鳴き声がしたのです。

「なに？」「なんだべね？」

と、友人と顔を見合わせました。

気味が悪いので、車から取ってきた傘の先でそっと箱を開けてみると、なかには水に濡れたビニール袋。さらに探ると、まだ目の開かない生まれたての子っこ猫らが6匹、袋の隅に丸まっていました。残念ながら、そのうち2匹はすっかり冷たくなっていました。まだ生きている赤ちゃんらは、冷たくなってしまった兄弟の身体に寄り添っておりました。

よく生きて、音っこたててくれたもんだと思いながら、こわごわ手で触れてみると、かすれ声でいっそう甲ん高く鳴きました。それは警戒する声だったのか、お母さんを呼ぶ声だったのか。

「なじょす？」

「なじょすったって、見てしまったおん、どうにかせんと……」

見捨ててしまえば夢見が悪くなると思いまして、上着に包んで、近くの病院を探しました。

こうして猫の赤ん坊たちはしばらく病院に入院したあと、結局、引き取ることになり、おらほの家さやってきました。

「なんたら、小っちぇけおぼっこだごど」と、祖母。

「小っちぇすぎて、かわいんだか、かわいぐねぇんだか」と、父。

それからは毎日が、しっちゃかめっちゃか！　猫まみれの生活が始まりました。

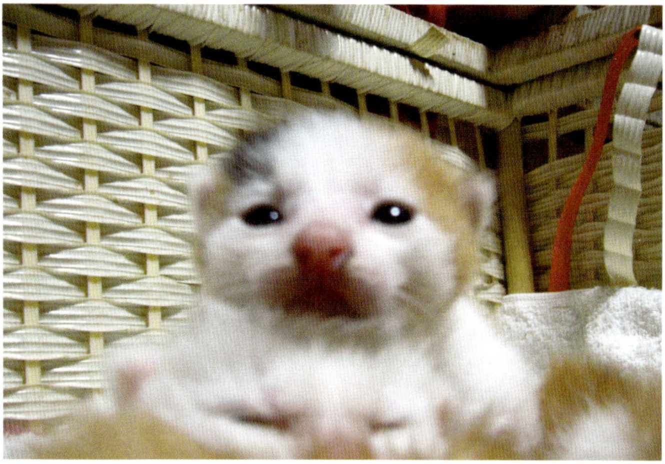

まんず♀

まだ哺乳瓶も使えない幼い赤ちゃんでしたから、まずチューブでミルクを胃に送り込むことから始めなければなりませんでした。短い間隔のミルクやりも、家族みんなが協力して予定を組み、なんとかチューブを卒業したときには、感激したものです。

あれよあれよという間に子っこ猫らは大きくなり、4匹ぜんぶを育てる自信がないので、里親探しをすることに……。

しかし、インターネットも病院の掲示板も、ペットショップの張り紙も、里親を探している人たちでいっぱいでした。

このなかで、里親さんが見つかる子はどれだけいるんだろう。
そして見つからなかった子たちは、いったいどうなってしまうのか……？
「もは、おらほの子にしてしまうか」
「んだ、親っこ探すったって、しちめんどくせぇ」と、祖母。
「養育費は保護した本人持ちって言ってらっけしな」と、父。
「えっ？」
「んだ、んだ、そういうごとだった」と、長男坊。
「こんなときこそ、家族で力を合わせるもんだべっちゃ」
「力は合わせても、ジェネコ合わせる気はねぇ」と、父。
「…………」
「さて、名めえっこ決めねばな」と、長男坊。
結局、おらほの家で、正式に「おらほの猫ら」として迎えることになりました。でも、ほんとは里親が見つからなかったからではないかも。なんちょしたって、愛着ばり膨《ふく》らむもんですから。

名めえっこ決めねばなんねが……

さてさて、名前を決める段になり、家族喧嘩がはじまりました。

それもそのはず、４匹の子猫たちに「大腸、小腸、十二指腸、盲腸」という名前をつけようと提案する者さえ現れたからです。真っ先に反対したものの、「じゃあ、何がいいのっす？」ときかれると、ろくな名前が浮かびません。家族そろってネーミングセンスというものがまったくないのです。

インターネットで赤ちゃんの名前サイトを検索したりしましたが、なかなかみんなが納得する名前が決まりません。

最後の手段として、これで決定したら文句はいわないという約束で、動画サイトで子猫らの名前を大募集しました。

そして、みなさんから提案いただいた名前を、家族会議で審査して、祖母が最終選考をすることに。

足もよちよちとおぼつかないというのに、遊ぶことは忘れない。
遊び相手と決めたら、寝ていようがなんだろうが起こします

ましゅまろ大仏♀とニャンゴロー♂

ましゅまろ大仏の、
必殺ちんたま潰し！

そうして決まった名前が「まんず」「ニコ坊」「ニャンゴロー」「ましゅまろ大仏」です。

「ましゅまろ大仏」は、頭の黒点のイメージから、祖母は「大仏大仏……」とこだわっておりました。けれど、お医者さんがいうには、大人になるにつれて消えていく産毛のようなものであるかもしれないとのこと。黒点が消えても、しっくりくる名前をとお願いして、もうひとつ候補のなかから、ましゅまろがプラスされました。

今はよかったと思っております。大仏だけでは、ありがたみが出ますが、女の子としてフェロモンの出しようがないってもんですおんね。

以来、名前を付けていただいた皆様へのご報告を兼ねて、子っこ猫らの成長記録動画を投稿しはじめました。

ニャンゴロー♂

子っこ猫らの冒険

短い手足をいっぱいに伸ばして、廊下を駆け巡るようになったころ、子っこ猫らは階段へと挑みはじめました。おらほの家の階段は、下から３段目までが曲がり、その先はハシゴみたいにまっすぐ２階へとのびています。

それは４匹の子っこ猫らにとっては、大冒険の始まりでした。１日１段、少しずつ階段を登れるようになりましたが、３段目まで登ったところで、ぴたりとストップ！

　ぴょんぴょんと３段までは大丈夫。でも、そこで上を見上げ、下を眺めては、おずおずと立ち止まってしまいます。みんな３段目でＵターン、登ったり下ったりをくり返しておりました……。
　１号やモンペが手本を見せるように、トントンと上がっていくのをうらやましげに目で追いながら、けれども、なかなか４段目以上へは登れなかったですね。

モンペが覗き込んでおりました

じっと見つめあう不思議な間……。やがてモンペがまんずをひと舐めし、ふたりはゆっくり目を閉じた

猫らのエンゲル係数

子っこ猫らを迎える際に覚悟したこと。それは猫らのエンゲル係数が跳ね上がることです。古株猫らの食費をもとに、単純計算しただけで、わが家の人間のエンゲル係数を越えてしまいます。
医療費なども考えて貯蓄をしているのですが、こちらは額は大きいですがたまにのことだし、健康のためだから……。などと、毎月のこととなると、やけにケチ臭くソロバン弾いてしまいます。
おらほの猫たちは、1日2回、朝は「カリカリ」、夜は「猫缶」を食べさせております。その他に、少しのおやつ。まったく贅沢なものですね。

それにしても、猫缶のパッケージはやたら美味しそうです。猫らのために少しでもうまそうなものを選びたい飼い主を誘うため、パッケージはやたら美味しそうになっていく——。「鯖の味噌煮・とろみ仕立て、愛情こめてじっくり煮込んだ、厳選素材の濃厚な味わい」とか、人間の缶詰も、もう少し見栄え良くてもいいのでは？

まんず、それはいいども、空き缶の処理がまた大変です。おらほの猫らを、みんな成猫とみて計算すると、1日6缶のゴミが出るわけで、環境にも悪そうです。

そこで、エンゲル係数を下げるべく、できれば１週間に２度の「手作りご飯日」を設けました。できればだから、中止もありますが、もらったレシピをもとに作ってみると、これがまた美味しそうなのです。

匂いをかぐだけで、食べてくれずにガッカリすることもあるのですが、だんだん猫らの好みがわかってくる。愛情こめてせっせと作ったご飯をもりもり食べて、「もっともっと！　もうねぇのっか？」と催促されると、もう人間の夕食を作る愛情などなくなりますね。

猫のみならず、人間のエンゲル係数も下げなければなりません。そうだ、もやし、もやし！　ここらでは１袋30円なので、節約にはうってつけ。もやしと豚肉の炒め物が400円位で作れてしまう、ありがたい食材です。

トコトコ歩くゼンマイおもちゃ。動いているうちは、じゃれて遊ぶが、止まると心配そうに匂いを嗅ぐ。またゼンマイを巻くと、ビックリ仰天！ 猫パンチをくりだす

上からみると小さな雪だるまのような大仏さん

もふもふモンペとすべすべ1号

モンペのもふもふな毛は、子猫らに大人気です。モンペがごろりと寝ていると、背中やお腹にアゴをのせて寝ている子っこ猫らをよく見かけます。

また立派なヒゲも、子猫らには珍しいらしく、後ろからこそこそと近づいて、ヒゲにじゃれようかどうしようか迷っていたり。じゃれたら、モンペが起きてどこかへ行ってしまいますからね。

毛がすべすべな1号は、まるでお母さんのように子猫らを見守ります。猫座布団がいっぱいで、子猫が1匹入れないでいると、場所をゆずってあげたりと面倒見がとてもいいのです。

最初は偶然だろうと思ってましたが、猫がそんな気遣いをするなんて……。私も見習わなければならない、自然の愛情なのです。

モンペのもふもふ枕でひと眠り

1号のすべすべの背におんぶ

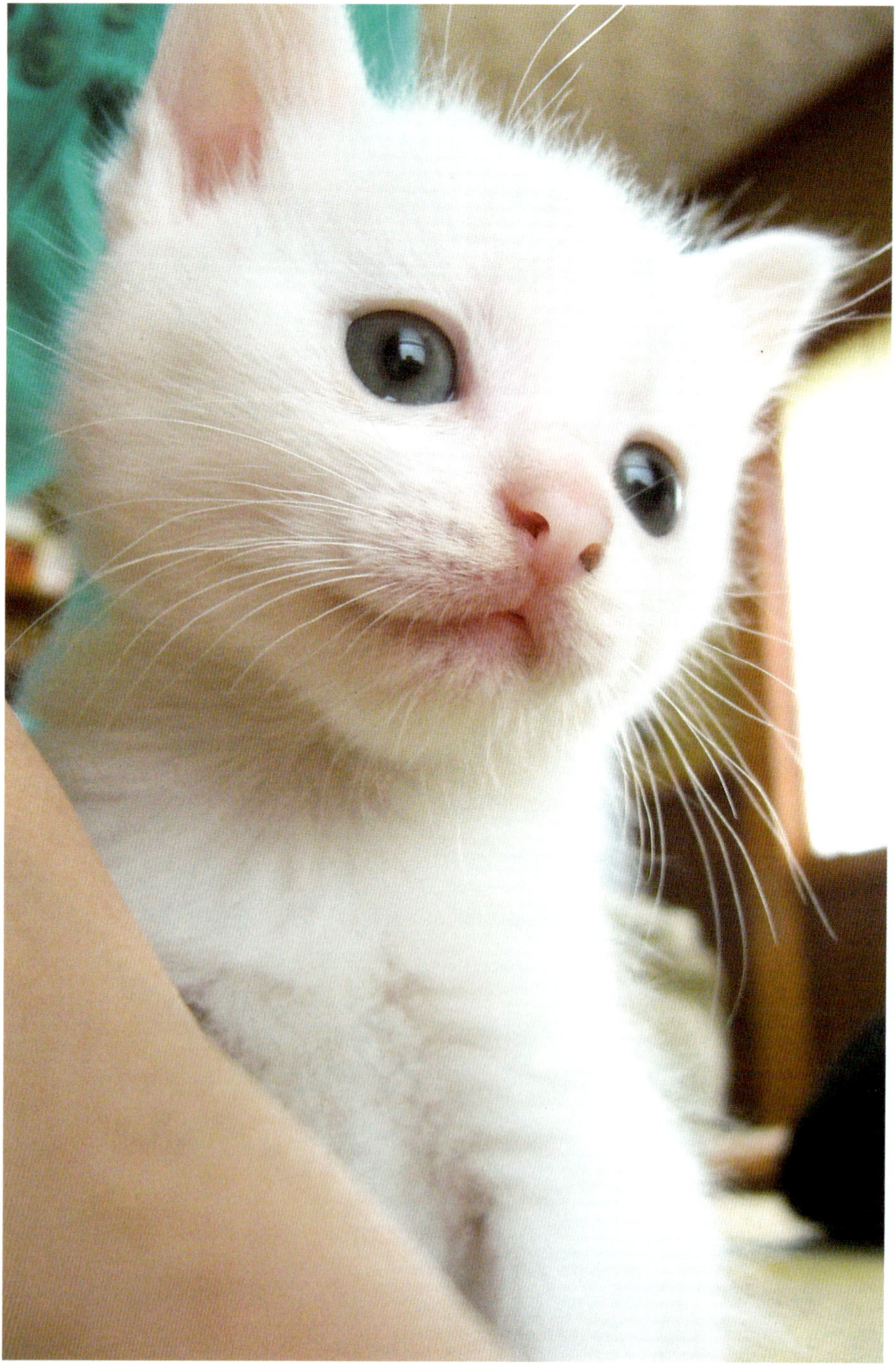

たんぽぽの綿毛のような、ましゅまろ大仏。名前
のせいか、とてもありがたい顔になってきた

祖母の足に、からりと並んでお昼寝。これだけ
くっついて寝れば、夢の中でも繋がっていそう

長靴に入った猫。このまま寝入ってしまうこともあれば、
ロケットみたいにピョンと飛び出してくることもある

猫らのいたずら、笑えない

おらほの猫らは、紙くずを丸めただけでも大はしゃぎしてくれるような、単純な子ばかりですから、手作りおもちゃでも満足してくれます。紙袋や新聞紙、チラシなど、ボロボロになるまで遊ばせます。

なんでもおもちゃにしてしまう、遊びの天才たち。しかし、度が過ぎて家族に怒鳴られることもしばしば。

ものすごいスピードで障子を駆け登り、上から下までジャーッと引き裂いてしまうこともあります。

これを遊びとされては、飼い主として面目が立ちませんからね。その場でビシッと叱るのが勤め。

ですが、見ていないところで大きな穴を開けられたときには、あんやーと溜息をつくしかありませんね。子猫らはそろって障子の前で知らん顔。どの子がやったのか、いつやったのか分からないので、怒りようもありません。

いたずら対策として、障子のかわりに布を張ったこともありました。しかし、風と光をほどよく通すちょうどいい布となると、なかなか見つからない。とりあえず、ふつうの障子紙を張ったとたん、「待ってました！」とばかりにバリバリッ！……。

１カ所穴が開いてしまうと、あっというまにこの通り。正直、羨ましい。新品の障子に穴を開ける……なんて楽しそう！

近頃は破れにくい障子紙があると聞いて、この機会にぜんぶ張り替えました。そのときビリビリにされた箇所を剥ぎながら、「やれやれ、こんないたずらばっかして……」と情けない思いで作業をしたもんです。

障子の無事な箇所を見つめ、もってえねぇけどこの際ぜんぶ張り替えるかと思っているうちに、ふいに私のなかに込み上げてくる衝動がありました。はて、どうせ障子を剥ぐんなら猫みたいにバリッといくか、それともていねいに剥ぐべきか？……と迷っているうちに、思わずパンチをくりだして、大穴あけていたのでした。

んにゃんにゃ、これだば猫のことばかっか言ってられんな。障子に穴をあけたくなるのはなぜでしょう。きっとＤＮＡがそうさせるんでしょう。そもそも人間の歴史とは、破壊と修復と後片付けのくり返しと聞いてますからね。

寝顔はみんなそっくり。ときどき手足をピクピク、口をむにゃむにゃさせて、お母さんのおっぱいを思い出しているのか……

子っこらの成長

子猫の成長は、あっとこ間です。ついこの間まで、手のひらにのるくらいだと思っていたら、いつのまにか６号の土鍋におさまるほどになり、いつのまにか８号サイズに。土鍋のサイズで測るっていうのも、なんだかおかしな話ですけどもね。

それから、１号やモンペ、兄弟たちとの遊びのなかで、じゃれつくことの手加減を覚え、今では爪なしの手で、モフモフモフと引っ掻いたつもりで満足してくれます。人間の腕や手につく傷の数でも、成長具合がわかります。

傷がなくなっていくのはありがたいけども、なんぼか寂しいもんですね。がむしゃらにじゃれついてくる子猫ならではの熱心さもまたいいものです。でもそれ以上に、これからの日々が待ち遠しくもあるのです。

新聞テントで遊ぶまんず。このあと新聞が倒れてペチョっとつぶれた

みんな寝てるのに、まんずはなかなか眠れず
毛づくろい。カメラに気づくと変な顔を連発!

ねこ鍋できたど！

夏のある夜のこと

おらほの家では、いらない土鍋を鉢《はち》植えとして使っています。蓋《ふた》も鍋も鉢に使えるので、これがなかなか便利なのですよ。小さい土鍋なら100円ショップなどでも売っていますしね。

植物がある程度まで育ったら、そのまま友人にプレゼントしたり、庭に植えなおしたりします。そうして不要になった土鍋は、来春まで物置小屋で眠りにつくわけです。そんな土鍋を片付けていた８月初めの、ある夜のこと……。

洗った土鍋を重ねていると、ニコ坊がとぼとぼとやってきて、土鍋に前足を入れ、後ろ足を入れ、くるりとまわってスッポリおさまってしまいました。まるでそうするのが当然のように。

帽子や箱など、いろんなところで寝る猫ですから、驚きはしませんでしたが……これがなんとも、めんこいこと。

まんずがそっと前足を……

ためらいがちに身を入れて……

　土鍋でぐっすりのニコ坊が、とても気持ちよさそうに見えたのでしょうか。ほかの子らも、土鍋に引き寄せられるように集まってきました。

　そこで土鍋を４つ並べてみると……あんや、すたすたと次から次に入っては、みんな丸っけくなるんです。

やおら腰を下ろして……

あとは丸まって寝るだけ……

ましゅまろ大仏はまず匂いを嗅いで……

頭だけ出してキョロキョロまわりを見たり、丸くなったまま自分のおっぽ（しっぽ）に手でじゃれてみたり。あっちの土鍋にいったり、こっちの土鍋へ入ったり……。

ときには隣の鍋を見て、先客がいるというのに、「おらも入れろ」と上に重なるように無理っくり入ってもみる。隣のものがよく見えるのは、猫も同じらしい。

2匹入れば「大盛り」

つい箸を添えてしまったことをお許しください

五右衛門風呂に浸かっているようです

寝ていた「具」が起きだして別の鍋に移動を開始

さて、子っこ猫らが鍋入りをすっかり気に入ってしまい、土鍋を片付けるに片付けられないということに……。そのまま並べているうちに、結局、猫ベッドとして使うことにしました。

これが思いのほか、邪魔だったりするのですけどもね。そりゃあ、お客さんがくれば「なして土鍋こんたに並べてらの？」と疑問に思われることでしょう。

けれど一人前の小さい土鍋のほうは、子っこ猫が大きくなったら“卒業”ということになるでしょうね。それを機に片付けてしまえばいいわけで、あるいは、寂しがるなら「どっかに不要な大っきい土鍋はないか？」と探してあげるのも、おもしぇかもしれません。

子猫らが土鍋ですやすやと寝ているのを眺めていると、つい遊び心が起きてしまうもの……。熟睡しているのを確認して、そおっとテーブルに運びます。

箸や蓋を添えて、写真をパチリ！　そして、そおっと床に戻します。うっかり途中で目を覚まされては、テーブルに上がり癖がついてしまいますからね。なんて、何度も失敗したことがあるのですが。

もしテーブルの上で起きたりすると、「ここはどこ？」と周りをきょろきょろ見渡したりしております。結局また寝てしまうので、これを利用して夢だと思わせるために床に戻すのです。もちろん、夢だなんて思ってくれるわけがなく、猫らは土鍋の中で目を覚ますたびに“瞬間移動”しているわけですが、そんなことちっとも気に留めてはいないでしょうね。

「大盛り」が二人前！ の珍しい現象

「ねこ御膳」を召し上がれ

ましゅまろ大仏はすくすく育って鍋から煮こぼれそう

テーブルの上からモンペがの
ぞき込んで舌なめずりした！

さて、前から飼っていた「1号」と「モンペ」は、この子猫らの行動をどう思って見ていたのでしょうかね。これも猫ではないのでわかりませんが、子猫らが遊び始めて空いた土鍋を、１号はじっと見つめていました。

そしてある日、土鍋いっぱいに黒い毛がみっちり！　１号が入る瞬間はめったに見られませんが、大きな体をだんごみたいに丸め、頭からおっぽまで上手にくるりと繋げる姿は、なんとも器用なものです。でも、１号は土鍋より火鉢《ひばち》のほうが好きみたいです。

モンペのほうは、土鍋に入っているシーンをあまり見かけません。これまでに３度だけ、目撃しただけです。誰も見ていないときに、こっそり入っているようです。

実は一度だけ「禁」を破って、そっと土鍋に乗せてみたことがあります。でもすぐに出てしまいました。入りたい気分のときがあるのでしょう。やっぱり、人の手で入れてはいけませんね。

4匹入りの「もり盛り」をあきれたように見つめるモンペ

1号のお気に入りの火鉢に興味を示しはじめた子猫ら

子っこ猫を真似て入ったモンペは窮屈そう

猫らは土鍋で寝たあと、必ずグーンと伸びをします。まず口元をキューッとすぼめて、集めた口ヒゲをモワンと広げ、耳をツンと立てて、おっぱの先まで、毛が波打つように。

「そったに窮屈だら、もっと広ぇどこさ寝ればいいのに」と思うけれど、きっと、猫にしかわからない土鍋の魅力。

まんず、この猫の習性てばおもしぇもんです。おらほの家の猫たちだけでも、みちのくの猫だけでもねがべし、どこのお国の猫でも土鍋があれば同じことするのでしょうね。

江戸時代から、もっと昔ば藤原家の頃からか、もっと前からか、脈々と受け継がれる猫の何かなのでしょう。

ついひと月前までは、３匹一緒に寝られていた土鍋も、今や２匹が限界。お尻がはみ出そうが、上半身が床に落ちてしまおうが、兄弟たちと土鍋の温もりに触れていたい様子。

いちばん下になってしまった子が重さを感じはじめると、ニョコニョコと這い出てきて、今度はいちばん上になったりします。それをくり返しながら、土鍋のベッドはどんどん温まって、いいあんべになっていくようです。

「そったになってまで、寝るごとねがんべやね」と祖母

鍋からこぼれる２本のおっぽが、ときどき波打つ

さすがに成長して「三匹特盛り」もきびしくなった

そんな猫らの様子を、いつものように成長記録をかねて動画サイトに投稿したところ、思いがけず沢山の方に見てもらえることになりました。

猫たちにとっては、習性がそうさせるなんでもない日常のこと。それでも、すっかり「ねこ鍋」として定着してしまった、おらほの猫ら。特別に美人顔なわけでも、特殊な芸をもっているわけでもない、いたって普通の猫たちだというのに。

ただひとつ、おらほの猫らが特別なことは、おらほの猫らの知らないところで、知らないうちに、たくさんの知らない方に見守られているということです。

猫らがすっぽりおさまっている、鍋ひとつぶん。あるいは、猫らがぐっすり寝ている鍋の半分でも、おらほの猫らが知らんうちに、そっと同じ穏やかな時間を、皆さんにお裾分けできているといいですね。

やがて世の中から“ねこ鍋”の噂が消え去っても、おらほの猫らは変わらず、おらほの猫らです。ひょっとして、皆さんの猫もまた、ある日ある時、ねこ鍋になっているかもしれません。世の中に、猫と土鍋がある限り、ねこ鍋はありつづけるかもしれませんね。

ある夜、1号も加わって「五匹膳」の出来上がり！

祖母の帽子は毛まみれ

隙間が好きで蚊取り豚に搭乗

ねこまみれ

袋の中で潜伏中のニャンゴロー

かくれんぼ

子猫らはカサカサと音が鳴るものや、身を隠せる場所が大好き。

その条件がそろっている最高のおもちゃ、それはビニール袋や新聞紙。

ちょっと床に置いていた袋の中に野菜やお菓子と一緒に入っていたり、新聞を読んでいると突撃してきて潜り込んだりしています。けれど、音の出る袋や新聞紙に隠れるには、それなりのテクニックがいるみたいですね。

モンペも小さい頃に遊んだ、簡単テント。大きくなってもこの通り

猫らが小さい頃は、体も小さいから、かくれんぼも達人でした。カゴの中で洗濯物にまぎれこんだり、机の引き出しの中やテレビや冷蔵庫の後ろ、置物の下など、思わぬ隙間に入り込んでいるので、多発する行方不明に何度振り回されたかわかりません。

すぐに子猫らも大きくなって、隙間の探検はできなくなるでしょう。前には飛び込んでいたタンスと壁の４～５センチの隙間にもつまったり、おっぱがだらりと出ていたり。そう、今は大きくなった古株たちみたいに。

隙間が大好き、頭が入ればどこへでも探検に。でも砂壁をボロボロ落とすのはやめとくれ！ しかも掃除できない所から埃を全身にまとって出てくるのです

遊び疲れたら、階段でひと休み。遊び足りない誰かが、上から狙っているぞ

ひなたぼっこ。気持ちよすぎたのかエビ反りに！
お日様にボイルされないように……

鼻がつまっているわけでもないのに、ぽっかり口が開くのは
子っこ猫だからかな。まぬけな寝顔だけれど、爪をニキニキ
と出したりしまったり。夢で魚でも取っているのかも……

ポカポカ陽気のいい天気……みんなで日向ぼっこをしていて、一匹だけ眠れずに時間をもて余してしまったニコ坊。サッシの溝にはまって、外を眺めたり、空を眺めたり……

猫のおもちゃ探し

猫たちの食料調達は、行きつけの暇そうなペットショップで。毎回まとめ買いするのですが、なじみの店長さんがレジにいるときは、オマケにおもちゃをくれます。ありがとさんです。

おらほの家では、釣りタイプのおもちゃや棒の先っちょにボンボンが付いているようなタイプのおもちゃは買いません。遊び盛りの子猫４匹や、本気を出したモンペの一撃で、買ったその日に壊れてしまうことがたびたびだからです。だから大きめのぬいぐるみタイプや、ボールタイプがほとんど。

まとめ買いするたびに、オマケをあれこれ考えてくれるショップのお兄さん。ある日、提案してくれたのは、棒の先に羽がついているハタキのようなおもちゃでした。

「これあげる。鳥の羽でできてるから、匂いもあるし、たぶん遊んでくれるよ」

「でも、こういうのって壊れやすいんですよね」

「自慢じゃないけど、30分でバラバラになると思う」

「…………」

「ほんとだよ。試しにそこの猫と遊んでみる？」

「売る気ないべ」

「どうせ買う気ねぇんだべ」

カモのぬいぐるみはニコ坊とニャンゴローのお気に入り。引きずり歩いたり、枕にしたり、抱っこしたり

ショップのお兄さんは、おらほの家族が買っていくおもちゃのパターンを知り尽くしております。
「こういうのオマケに付けるのはね、試して面白かったら、次にきたとき買ってくれるかなあっていう魂胆《こんたん》なんだよ」
「30分でバラバラになったら、やんたぐなって、二度といらねぇって思うんじゃないですかね」
「使い捨てだと思ってまとめて買ってよ」
「それより、丈夫な猫じゃらしってありませんか？　それなら普通のよりなんぼか値っこ高くても欲しいですよ」
「やっぱある程度壊れないと、儲からないからさ。教えない」
「なんたら欲たかりですね」
「なんたらケチだな」
「すたって、客だおんや」
「まずさ！ この羽を使ってみてよ。あとこれもあげるから、試してみて」
「おもさげないです」

　こうしてオマケにもらったのは、羽の猫じゃらしと、ごついロープです。
　一生遊んでも千切れそうもないロープは、たぶん犬のおもちゃでしょうが、オマケにロープとは……。
　ところが、試しに遊んでみると、予想以上のじゃれっぷり。じゃれるというより、レスリングみたいに上から覆いかぶさって抑えつけ、猫キック連発、口にくわえて引きずりまわすなど、なんだか特訓してるようで、激しいバトルをくり広げます。

ロープと格闘して疲れはて、さすがのまんずもロープを抱っこしたまま眠りこんだ

この写真は、新聞紙に手を突っ込んで遊んでる子猫らのおっぽ。そして、飽きられてようやくひと休みの、魚のおもちゃ。

ニャンゴローとましゅまろ大仏のおっぽは、真っすぐで長い。

まんずのおっぽは、ぼっきぼきに折れ曲がったカギ尻尾。お母さんのお腹の中で大暴れしていたのかも。

ニコ坊のおっぽは、真っすぐなようだけど、先っちょが曲がっている。お腹の中で、誰かに蹴られたかな。

走れ走れ！ 赤ちゃんの頃から一緒に寄り添っていた、羊のまくら

猫と目が合った瞬間、どきりとすることがあります。猫同士の語らいのように無言で視線を合わせ、どう答えていいものやらわからず、撫でて誤魔化すしかない……

日向ぼっこをしていて、体が火照ってくると、とぼとぼと日陰に移動。そして、ぐでんと寝てしまいます。お日様をいっぱい浴びた毛が、ふわふわになっています。干したばかりの布団のよう

グラビアニャンドル！　白いふさふさの毛をまとったテディベアのような肉球。そして、淡い瞳が心を奪っていきます。この泥棒猫め。でも奪われたハートの代わりに幸せたっぷり頂きました

ねこ要塞

猫らが小さい頃から遊んできた、海苔の容器。おらほの家では、これを「ねこ要塞」と呼んでおります。小猫しか入れない場所。モンペが小さいときも、1号にちょっかいを出しては、このねこ要塞に逃げ込んでおりました。お尻が大きくなっても、らくらく潜り込み、らくらくUターンして出てきます。

4匹の子猫らにも、やっぱり大人気のねこ要塞。ときには順番待ちになることも。けれども、大好きだからこそわかる、ねこ要塞の弱点。入り口を通せんぼしたり、中から出てくるのを上で待ち伏せしたり、猫なりに作戦を考えているみたいですよ。

こっくりこっくりと舟をこぐ……ましゅまろ大仏の頭のポッチも揺れてます〜

大人になったら消えるらしい頭のポッチ。消えたら“大仏”の名を取るのかなあ？

「4匹盛り」をのぞきにきたモンペ

ねこ鍋かこんで

おらほ家《え》の鍋談義

鍋というと、家族や友人そろって囲むところから始まるものです。おらほ家では、ねこ鍋が部屋の隅っこで出来上がっていると、家族そろってそれを眺めるという、奇妙な光景がよく見られます。

土鍋さすやすやと寝ている猫は、本当に気持よさそうで、見ているほうも眠くなってくるものです。

まんず、ふつうの鍋同様、すぐに手をつけたがる人物が必ず現れます。つい撫でてしまいたくなるのは、よくわかるのですが、そこを我慢するのが、ねこ鍋の醍醐味。

そこで、家長でもある鍋奉行の父が登場し、「まだだ、ちょすなじゃ！」と仕切ることになります。

これでみんな手を引っ込め、お腹を上下させる猫を眺めつつ、とりとめない話をする。これもよくある鍋シーンですが、見ているだけでお腹がいっぱいになる点が違いますね。

その満足感の滲み出てくる感じは、なんちょしても言葉では言い表せないもんだおんね。

みんなが満腹になる前に、鍋の中の具が起きてしまったら、ねこ鍋パーティーは即解散です。そんなときふと、おらほの家族なんてそんたなもんなんだな、とみんな思ってることでしょう。猫でようやく繋《つな》がっております。

＊

猫を眺めながら、じわじわ心が温まってきたころ、鍋奉行のお決まりの一言から、団欒《だんらん》が始まります。

「宝くじ、当たらねぇかじゃな」と、父。

「当たらねぇべな」と、長男坊。

「くじ買うジェネコもってえねぇから、靴下でも買えじゃ。穴あいてらべ」と、祖母。

「当たったらどうする？　買わなきゃ当たらねぇんだぞ」

「買っても当たらないじゃん」と、居候《いそうろう》。

「割り箸で宝くじ神社作ったべし、おらほさ招き猫もこったにいるし、当たる気するんだおんや。当たったら、コンバイン買ってか？　そすて、ツリーハウス作るべし」

（男のロマンが宝くじ当選ってのも、せつねぇ……）

「猫らこんたにいるんだおん、福招いてけるべよ」と、父。

「何も招ぇてけねくていいじゃ。おらほ家さいてけるだけでいいじゃ」

「まんずな、福なんぞくるの待ってねぇで働けずこどだな」と、祖母。

「ぺちょっと夢みで見ただけだべじぇ、そんたに責めることねぇべ……」

そんな父を慰めるのは、猫らだけ。その猫らも気まぐれだから、甘えたり無視したり、飴とムチを上手に使っております。

父はモンペをとくにかわいがっておりますが、モンペのほうはつれないです。

点々と座ってお地蔵さんのように固まり、顔がだんだん下がって鼻っぱしが畳に

そこへ父の匂いが大好きなまんずがやってきて、父のシャツに包まって眠るのをよく見かけます。
「おれからフェロモン出てらんだおんや。猫にもわかるんだ、イイ男だずことは」
逆に、父の匂いが大嫌いなのが、ニコ坊です。
父が脱ぎ散らかした服なんかを見かけると、ちょっと離れたところに座り、伸ばした手から、爪出しネコパンチが炸裂《さくれつ》します。クサイのかな。そのうちヒートアップして、とうとうは唸《うな》り声をあげるほどです。かなりクサイんだろうな。
ちなみに、トイレに行ったりすると、猫はなぜかドアの外で待ち構えていたりしませんか？　「ちょっとトイレに」と断ろうがこっそり行こうが、猫らにフェイントは通じません。
「便所さ行ぐど、猫ら、ぞろぞろと外で待ってらんだ」と、父。
「おれも」と、長男坊。
「行くふりしたって通じねぇし……」
「台所さ入るべとすて待つのは、わかるけどな」と、祖母。
「何かうめぇものあるかって、うろうろしてるおんね」
そわそわしている人間を猫はマークするのでしょうか。それにしたって、なぜトイレの出待ちをするのか。トイレは開かずの間みたいで神秘的だからでしょうか。あるいは、家の中の縄張りを広げるエリアの候補にあがっているのかも？　それを狙って出待ちを？　もしそうなら一大事。おらほ家で唯一、猫から逃れられる場所がトイレなのだから……。

＊

「しかし、猫ずものは、なして丸ぐなって寝るんだかな」と、父。
「腹冷えるからじゃねっか？」
「背中だって冷えるじゃん」と、居候。
「だから土鍋に入ぇるんじゃね？」と、長男坊。
「ああ、なるほど」と、なぜか一同納得。
「それにしたって、見事な猫背だじゃな」と、父。
「これほど見事だとな、背伸びもさぞかし気持いいべね」

ほんとに、猫の生き生きとした背伸びは、見ている人を和ます力がありますね。完全に無防備な状態から、気合を入れる前の、背伸び一発。ぐーんと伸びきって、また丸くなって寝ることも。

そのうち、ひとつの土鍋に、猫が二匹、三匹と「盛り」になっていきます。

「もう、土鍋も狭えべな」と、祖母。
「小屋から臼もってきてけだら？ あれだば、みんな一緒に寝れるんだねっか？」と、父。
「臼、重いべ。わざわざ納屋から引っぱり出して運ぶのも面倒だじゃ」と、祖母。

火鉢におさまって
御満悦の１号

「縁側にほったらかしてた火鉢は、実験してみた？」と、長男坊。
「火鉢さばクッション入れたっけ、喜んでらっけども」
「あれだば深ぇべ」と、父。
「鉄鍋も出したったども、あんまり寝てないね」
「鍋の深さ、浅さもあるのかな、肌触りがいいとか、変な臭いが付いてるとか」と、居候。
「そっか、サビかも。鉄サビの臭いがダメなんだ！」と、長男坊。
「そうかな。まんず、寒ぐなったからでは？　鉄だと冷たいだろうし」と、居候。
「んだかな。土鍋だったら、入ぇってらうちに温まるおんね」と、祖母。
「やっぱ、もっと大っきい土鍋を手に入れるしかないけど、なかなか売ってねえ。店で使う営業用の特大はあるけど」
「そんなもの高いし。フツーそこまでするか？　てか、する気ないくせに」と、長男坊。

火鉢の中にクッションを入れてやると、
これまた大人気。１号のアジト危うし！

暑すぎても寒すぎても、猫らは土鍋に入りません（クッションを入れると別ですが）。
夏の暑い日は、廊下でべったりと横になって涼みます。涼しくなると人肌の温もりを求めてすり寄り、寒くなると人の膝の上っかで暖をとって眠ります。

＊

「でもさ、そっくり同じ土鍋並べても、人気の土鍋とかってあるよね」と、居候。
「あれは何だべな？　よくわからねっども、洗ったとか、鉢植えのときの匂いとかあるもんだべか……」と、父。
「ま、なに考えたって、猫じゃないからわがんないね」
「こんたな猫らが土鍋さ入ぇっただけで、ずんぶ囃《はや》し立てられたもんだな」と、父。
「めっぐせぇ顔が面白めんこくて撮ったんだけど。んで、それで土鍋のほうさ注目行くとは思わながったね」

サビだらけの古い鉄鍋。遊ぶのには人気なのだが、ベッドにはちょっと不満らしい

「まんず、われ家の猫だからめんけぇもんです、雑種だし見た目ったってそれほどいぐねぇ猫らが、テレビだなんだってこんたなことになるとはな。おかげで襖直したっども」と、父。
「しっかし、くだらないね。土鍋に猫って……」
「くだらねぇな」と、長男。
「世の中ずものは、こんたなもんだのっか」と、父。
「いいんだじゃ、このほどくだらねぇこともねぇどな、世の中ずものは回らねぇもんだ」と、祖母。
「まんずな、つくづくくだらねぇども。いっとこま白けだり、ほのぼのどすることもねぇとな」と、父。
なんだかんだ言っても、猫らいねぇど、幸せさ足りないおんねと、しみじみ思うのでした。

＊

秋も深まり、土鍋で丸くなっていた猫も、背伸びして起きた後は、よちゃよちゃと私の膝へのってきて、すこっと寝てしまいました。土鍋と同じ形でね。一匹が寝ると、他の猫たちも集まってきて、膝は満席となります。すると、今度は人の肩に乗って寝てしまうほど。身動きとれずに、足腰しびれてしまいます。
「待ってろ、猫ども。真冬さなったら、こっちが猫で暖をとってやる」と、家族一同、意気込んでおります。

栗ばごっそり落ちてしまって、拾いこぼしは、虫っこが、がりめかしておりますし、稲は刈られて、田んぼもさぱっとなりました。風っこもひしひしと軋むばりで、いよいよ、厳しい冬がくるところです。

*

「しっかし、人に世話やかれて、やっとクソたれでらった子っこ猫が、ずんぶ大っきくなったもんだ」
「小さい鍋からはもう溢れてらおんね。なして無理っくりに入るんだか……、おかしいね」
「1号もモンペも、この前まで子っこ猫だと思ってらったども、いつのまにか立派な猫姉っこになったもんだ」
「あとは子っこ猫らが、元気に初冬越してければ安心だともね」
「でぇじょうぶだべ。川っこくだった猫らだもの……」

こんたなとこで、おらほ家《え》の一夜も更けて……やがて、人らもばらけで、猫は土鍋で丸くなる。

パソコンの上もお気に入りの寝床。起きるとキーボードを打つ私の手をじっと見下ろしています

あとがき

同じ時間を過ごしていたはずの、おらほの猫らと私。人の目を通した猫の物語とは違う、猫には猫の物語があったりするのでしょう。それとも、何も考えていないとか。呑気な猫らを眺めていると、そんな気もしないでもないです。

それでも、人と猫が一緒にいて出来る物語もあるのだと思います。もちろん猫と人に限ったことではなく、同じようにさまざまなつながりのなかで、物語は増えつづけているのでしょう。どうせなら、あたたかい物語が増えていけば、と願うばかりです。

そんな日常物語を引っさげて、おらほの猫らは思いがけず写真集に収まったわけですが、飼い主目線の文章に惑わされず、猫の物語を探っていただくのも面白いかと思います。

いつもおらほの猫らを見守ってくださる皆様、この本を手にとってくださった皆様、この機会を作ってくださった二見書房の浜崎様。これ以上の言葉が思いつきませんが、本当にありがとうございます。

ねこ鍋《なべ》

みちのく猫《ねこ》ものがたり

[著　者]　奥森《おくもり》すがり

[発　行]　株式会社　二見書房
〒101-8405　東京都千代田区神田神保町 1 - 5 - 10
電話　03 - 3219 - 2311（代）
振替　00170 - 4 - 2639

[編集／構成]　浜崎慶治
[カバーデザイン]　ヤマシタツトム
[印刷／製本]　図書印刷株式会社

ISBN 978 - 4 - 576 - 07206 - 7
落丁・乱丁本はお取り替えいたします。　定価は、カバーに表示してあります。